数学应用漫画

冒险岛数学秘密日记 3

晨荷与雨菲的秘密友情

杜勇俊／著

九州出版社
JIUZHOUPRESS

出场人物
江道云
晨荷的同班同学。擅长数学，帮助晨荷学习数学，努力追逐宝石精灵的踪迹，想要弄清楚宝石精灵的真实身份。
朱雨菲
晨荷最要好的朋友，经常帮助晨荷。
陆晨荷
小学四年级女生。父亲在国外工作，她与母亲一起生活。在遇见黑猫少年尼路后，被卷入神秘事件中，体内宝石的力量也开始觉醒。
上集梗概
为了帮助数学不好的晨荷，道云和雨菲决定去晨荷家一起学习。东方在真也来到了晨荷家，给了晨荷一些学习建议。躲在外面的雅琳看到了这一切，没能和小伙伴们一起学习，她心里遗憾。这时，X 君和美狐出现了，美狐用黑魔法魅惑了雅琳，让雅琳去夺走尼路的宝石……

X君
与美狐是同族，常伴美狐左右。
尼路
会说话的黑猫少年。被晨荷点化后，由黑猫化为少年模样。拥有水之力量。
美狐
长着长尾巴的美女狐仙，在寻找一颗融合了“自然之力”的宝石。

目录

第1话

宝石精灵的朋友 …… 6

学习主题：20以内加减法

第2话

美术课的画 …… 64

学习主题：两位数进位加法
两位数退位减法

- 讲故事学数学 …… 120
- 数学知识百科词典 …… 132
- 答案与解析 …… 135

第3卷 进位加法与退位减法

晨荷与雨菲的秘密友情

本卷学习内容

初学数学的时候，对数的运算的理解、熟悉数字、熟练计算是非常重要的。在第 2 卷中，我们学习了不用进位和退位的两位数的加法和减法。在此基础上，我们在第 3 卷中将学习进位加法和退位减法。通过学习，我们将能熟练处理在日常生活中遇到的加减法运算。

第1话

宝石精灵的朋友

学习主题：20以内加减法

雨菲呀……
被雨菲听到了。

这，先和她说，我们也是刚刚到这里吧。
耳语
悄悄
……

不要。

雨菲都看到了，这件事情无法隐瞒了。

雨菲啊，我们先把雅琳送到医务室吧，可以帮帮我吗？

咻咻
咻咻
然后我告诉你发生了什么。

轻喘
轻喘

雅琳现在好像睡着了。过一会儿就会醒过来了。

医务室老师不在，现在这附近没有别人。
我就是宝石精灵。
雨菲啊，好好听我说。
嗯嗯。
紧握

什么？
惊讶
刚才我还以为
自己看错了
呢？那光……
你果然都
看到了。
好像实话实
说是比较好
的选择。

有一天，我突然有了
宝石精灵的力量，我
用这力量阻止了坏
事的发生。
雨菲，你是我
的好朋友，一定
能懂我的。

雨菲啊，我自己也
觉得这件事情难以置
信，所以没有告诉你，
你要理解我啊。

当然了，晨荷，
我们是朋友嘛。
握紧
我的朋友是宝
石精灵，太厉
害了。真是做
梦都想不到啊。

这段时间你自己承受
这些秘密，以后我也
会帮助你的。
雨菲呀……
抱紧

谢谢你。
泪眼

咳咳！
嗯？
啊！

我都忘了。认识一
下吧，他叫尼路。
尼路？

和猫咪的名字一样呢，
长得真奇怪……
捂
嗯，其实这就是
那只……

耳语
耳语
我就是猫咪的事情最好
保密。平时还是被当成
一只普通的猫咪比较好。
嗯嗯。

哈哈，嗯。
和猫咪名字
一样呢。
嗯，
真有趣。

要是被人知道
我这段时间被
迫穿了裙子，
就太丢人了。
绝对不能让人
知道。

叫尼路？
猫咪尼路很
可爱呢。
侧目

这个男孩完
全相反，看起
来冷冰冰的。

？

哈哈哈——
啊，握手！
嗯？
晃
摇

呼——真是万幸，
发现我们秘密的
人是我们这边的。
哈哈哈

嗯啊——
头晕

啊！
雅琳……

我怎么会躺在这里？
躁动不安
啊——那个……

我只记得昨天走出了学校。

是、是吗？今天你突然晕倒了……
懒腰
真是一点都想不起来了。身体好端端的啊？

看起来雅琳什么都不记得了。
耳语
耳语
是啊……

应该是被美狐的黑魔法魅惑的这段时间，记忆都失去了。

喵呜——
嗯？
转头

喵呜——
啊！
尼路啊——

快来这里，知不知道我找了你好久啊？
喵呜——
猛地
啊！

我找你的时候发生了一件很大的事情啊！这里有一个人和你名字一样……嗯？

刚才站在这里的尼路去哪里了？

哈哈哈，应该是出去了吧。

哈哈……
动作还真快。
我的样子没有必要让所有人都知道。

我们也回
教室吧。
好。
开门声

出现
呃啊！
惊吓

吓、吓我
一跳！
怎么吓成这
样？你们在这
里做什么？

雅琳刚才晕
倒了……
是吗？她
没事吧？
啦啦啦——
啊！
道、道云
来了？

道云啊——我
还是有点晕乎
乎的。
嗯？
摇晃

你扶我一
下吧。
啊，是么？

看来雅琳一时
好不了。
是啊！

把雅琳交给
道云，我们
就回去吧。
呵呵。

呃啊！小心
一点。
谢谢大家！

太好了，除了雨
菲，雅琳和道云
好像都没有看到
我的秘密。
开心
哒
哒
哒
真是太幸
运了!

叮铃
铃
铃

*骚动：扰乱，不安定；秩序紊乱。此处指人们受到惊吓后的吵闹嘈杂。

和穿裙子相比，我宁可一直装睡！
是吗，你要装到什么时候呢？
哈啊，今天真是发生了好多事啊。

我回来啦——
快进来。
将深藏在心中的秘密吐露给了雨菲……

沙沙
雨菲理解了我心中的秘密。
沙沙

啊——写完了！心情不错。
吱呀

被雨菲发现了秘密这件事情，就这么让你开心吗？
啊
突然
啊！吓死了。
不是，我的意思是虽然被发现……
现在雨菲也随时面临危险了。
什么？
为了不给雨菲带来危险，你要做好心理准备。
你要变强，才能保护你的朋友。今天攻击美狐的时候，你不就失败了吗？

嗯嗯，我知道了。
点头

燃烧燃烧

吼吼吼吼吼吼——
燃烧
燃烧燃烧

出现了失误，本来很想赢的。

比起想赢，你心里想得更多的不是保护你的朋友吗？

是啊，我想保护我的朋友。

你的光之力量出现，就源于你这种心理啊。下一次展示你的力量给我看吧。
嗯。
点头

下一次，我要变得更强。因为……
一定

我要保护他们。

宝石精灵。

啊！！！
怎么了？
慌里
慌张
啊，没事，
没事。

我一定用相机
拍到你！

怦怦

拍到你是我现
在的梦想！
怦怦

真被道云拍
到，可怎么
办呢？
思索

你怎么了？
没什么，没什么，
睡、睡了。
哒哒哒哒

怦怦
……
怦怦

睡不着。
嗯哼——
宝石精灵……

长什么样
子呢？
呃啊，好可惜！
如果当时跑到那个
楼上去，就能拍到
宝石精灵了。
左翻
右翻
宝石精灵到
底是谁……

沙
沙
沙

你是谁?
你从哪里来?

多想走路的时候能与你迎面相遇……
伸手

那时候，我能认出你吗?
沙沙沙

睡不着。
怦怦
怦怦
呼噜

哈哈哈
哈哈哈
晨荷，早上好！
早啊，雨菲！
雨菲，你的衣服好漂亮啊！
吼吼——
闪耀
我觉得你是宝石精灵这件事太神奇了。作为宝石精灵的朋友，也要穿得漂亮一些啊。
哈——哈哈！
耳语
我妈妈是服装设计师啊！我把妈妈不穿的衣服改了一下，给你也做了一套！
哇哇！

可是，那衣服
适合我吗？
别担心，真的很
漂亮，相信我。

你可是最近人气超
高的宝石精灵，当
然要穿漂亮衣服！
哈哈……
是吗？

一会儿我们去洗
手间试穿，大小
一定合适。
耳语
耳语
有点紧张呢，
嘿嘿……

哈哈哈
哈哈哈

好，美术课
用的东西大家
都带了吧？
都带了！

大家兴致都
不错啊！那我们
出发吧？
出发！

走，我们也出发吧？
道云啊，你过来一下！
起身

你刚转过来不久，还不太清楚吧。学校东山是个非常适合写生的地方呢。
是吗？

嗯，我知道有个地方可以看到非常美的风景！那个地方别人都不知道，我带你去吧？

真的吗？哇！

谢谢你，我就跟着雅琳你走啦。
好！

那我们现在就走吧？
等等。晨荷，雨菲？
哒哒
哒哒

雅琳知道一个非常适合写生的地方，要带我们去呢！
咣
当
！！！

＊脚注：翻译

是真的吗？
哪里啊，真好奇呀！

呃！我本来是不想带晨荷一起去的啊……

怎么道云偏偏又要带晨荷去啊……

微笑
啊哈，好吧好吧，我带你们去。

哎呦

真有趣！
美术课开始啦——
哈哈哈
哈哈哈

哈哈——
所以说啊……
哇，是吗？

嗯？
惊讶

唰
唰
唰

咻
咻
咻
咻
咻
啊！

那、那边！
嗯？怎么了？

那边什么都没有啊。

呃啊啊——
揉
揉

啊——

真的没有呢，我眼花了吗？

唉，最近想得太多，一定是出现幻觉了。

颠儿
颠儿

咻
咻
咻
咻
咻
白天我们力量弱，不如等到晚上再动手吧？
出来写生了？真有趣啊！
不，有趣的事情我可不能错过。

我想到了一个非常有趣的游戏。
哧哧
哧哧

哦吼吼吼吼。

快到了，再坚持一会儿。
呼哧呼哧！那个风景非常美的地方还很远吗？

应该就在这附近啊……
啊！找到了！

哇哦！

真是太棒了，
这个地方！

唰！唰！
来，我们带来了野餐布。
哦！不愧是雨菲！

道云啊，你坐在我旁边吧，你是我同桌啊。
抓
啊，好啊。

晨荷啊，你坐这边。
好啊。
呃！
生气

能来这里真的很棒。
非常棒！

为什么？为什么他们都喜欢晨荷？
握拳 握拳

陆晨荷，我讨厌你！嗯？

晨荷的蜡笔？嗯，逗逗她吧？

拿起
吼吼——

啊！

我的蜡笔不见了！
嘿嘿，我藏起来了，现在才发现啊。
什么？

明知道要来写生，也不提前准备好啊？
明明准备好的。
嘿嘿，好痛快！

别担心，我的蜡笔借给你！
嗯？

我的也借
给你！
啊！啊！不、
不要啊！
拿出

雨菲借给我 4 根
蜡笔，道云借给
我 6 根蜡笔。

加起来就是
10 根了，有 10 根
蜡笔了！

哦，真巧，好
像是特意凑足
的 10 根一样？

那我们玩一个凑 10
的手指游戏吧？
手指游戏？

比如，我这样伸出
5 根手指的话……
如果想凑足
10，我也要
伸出 5 根？
伸

没错！这样
加起来就是
10 根了！

TIP ＊满十进一，退一当十的基础是相加等于 10 的数，一定要记住！
相加等于 10 的数：(1，9)、(2，8)、(3，7)、(4，6)、(5，5)、(6，4)、(7，3)、(8，2)、(9，1)

请计算

（1）2+8=

（2）9+1=

（3）10−4=

（4）10−10=

▶ 答案见 40 页

尼路，你好
可爱啊！
喵呜
抱
紧

你很喜欢雨菲
抱着你吗？
才、才没
有呢？

尼路好漂
亮啊——

所以，我给你
准备了……

准备了裙子，还
给你带来了哦！
噔噔噔噔
喵呜。

真是每次都
忘不了！
喵呜嗷嗷
吼吼，你就好好
享受吧！

哇！太可
爱了！
喀嚓
喀嚓
呜呜！
拍照的事情就交
给我吧！

测试答案 （1）10 （2）10 （3）6 （4）0

真奇怪，刚才找得很仔细也没找到啊。
不管怎样，找到了就好。我们开始画画吧。
哼。

好的，我也要开始好好画画了！
我很擅长画画还没人知道吧？先让我的画作来吸引大家的关注吧！

雅琳已经开始画了呢，我要画什么呢？
呃呀呀呀呀呀呀。
啪啪啪啪

嗯，景色真是怡人啊，我也要开始画了。
嗖嗖嗖

哈哈哈哈哈哈

嗯，现在再上一些
颜色就可以了。
嘶嘶
雨菲啊，你
画了什么？
哇哦！

雨菲啊！你太
厉害了！

哇，雨菲你画得
真棒！
是吧？

雨菲上次还在美术比赛上拿了奖呢。
嘿嘿。

真羡慕啊，如果我也像雨菲一样擅长画画就好了。
嗯？

这是晨荷画的呢？
啊！

还没画完呢。啊，这画的是什么呢？
呃啊！不要看啊！我还没画完……

你的画里没有气势呢，画画的时候自信很重要啊。
呃——
抢

让我来看看！道云画得怎么样！
拿起
啊！等一下！我也没画完呢！

噔
噔
吼吼，自信感？你和我差不了多少啊？
咳咳，我、我又没说我画得好。

我觉得，不管画得好还是不好，享受画画的过程更重要呢。
雨菲说得对！
呃呃——
关注
我可是非常认真地画的呢，到我公开我的画的时候了。吼吼吼吼——
来，看我的画！画得不错吧？
噔
噔
哇，雅琳你画得很棒啊！
这段时间练习了一下画画。吼吼！

太棒了！
吼吼！怎么样？你的画赢不了我吧？

那么，让我来看看晨荷的画吧！
啊！那是。

噗哈哈哈哈！看这幅画啊！真是画得太差了。
那是道云的画。

那是我画的……

这到底画的是什么啊？像蚯蚓一样歪歪扭扭。哈哈哈哈！

啊，雅琳啊——

那画，是道云画的啊——
石化
！

道、道云的画？
……
转头

哈哈，我、我画得不好。
不、不是啊！

仔细一看，其实画得还不错呢？人也画得很好……
那画的是树啊。
呃啊啊——

不可能啊，这怎么可能是树……
哈哈哈。

啊，对对！是树呢，树……
没关系的，哈哈哈。
哈哈……
惊慌
不安

嘶嘶嘶

噔
噔

嘻嘻
美术课上得很有意思嘛。

我应该也会画得很不错呢？
吼，要不要画画看呢？

呃啊，在水桶里接了点水过来，花了好长时间，得加快速度了。

啊！
啪

呃啊！
摔倒
哗哗哗
……
这，这个……
咬牙切齿
嘀嗒
嘀嗒
嘀嗒
你这个人真是讨厌啊！
呃呃——

对不起，刚
才端着水走得
太急了！
哆嗦
哆嗦
呃呃呃——

不可饶恕！

嗯？你是外国
人吗？你的头
发和衣服……

我说了，不
可饶恕！
啪啪
什么？
咻咻咻咻
呃——
这就是弄脏我
衣服的惩罚！

我讨厌比我成绩好的人。我讨厌班里的同学们！
呜呜呜呜

吼吼，利用这男孩心里的阴暗面，有趣的事情要发生了。
没错！

嗯？同学们，这是什么声音啊？
转头
！

哒哒
快、快藏起来！

刚才这里传出了打架的声音呢？
什么都没有啊？

可能听错了吧，我们走吧。
呼——

可是，我们为什么要藏起来啊？
嘀咕
我这种湿漉漉的样子可不能被看到啊。看起来很丢人啊……
嘀咕

哼，等着瞧吧。
嘻嘻

嘻嘻嘻

等一会儿，好
戏就要上场了！
吼吼吼！

我……阿
阿嚏！

要捉弄你们……
阿嚏！
我看你应该
休息一下呢。

沙沙沙沙

拿起
画完啦！

我也快画完了。
哇，画得真好啊。

哦，对了，你知道那边还有更美的风景吗？
真的吗？比这里还美吗？

嗯！我们过去看看吧？
好啊，可是画怎么办呢？

就去一会儿，用
笔袋压住就好了，
我们快去快回。
这、
这样吗？
压住压住

脚步声
脚步声

嘶嘶

噔
噔

……
拿起

这个方法一定能让他们很为难！

哈哈哈。
我们去那边看看吧？

我们快去快回！
好啊，真有趣！哈哈哈——

啊！英浩，你也一起去吧？
……

不，我不去了。
啊，是么？

那我们去了。
一会儿见。
再见！

玩并不重要，现在重要的是……
嘻嘻

转头

……

吼吼吼——

还需要更多的画。

10 分钟后
这里太美了！
我们下次再来这里画吧！

咦？

我们的画呢？
咻咻咻咻
真奇怪，刚才明明放在这里的啊……
是不是老师以为画完了就收走了？
这里有风，也有可能是被风吹走了，我们找找看。
我去找老师问问。
哒哒哒

老师！
哒哒哒
嗯，恩智啊，
画完了吗？

画完了。老师，
你收上来的画
里有我的吗？
嗯？

你的画不在
这里啊。
翻看
翻看

怎么办啊？
委屈
含泪

噔
我的画好像
不见了？
噔

画怎么能不见了？
找到画了吗？
哒哒哒哒
没有，如果是被风吹走了应该在这附近啊……

嗯？在找什么？
我们的画不见了。
你们也帮忙找找吧。

这，怎么会这样……
啊！

呃啊啊！我们的画也不见了！
啊
什么？怎么可能？
啊，我刚才那么用心画的！
咻咻咻

刚才还在这里啊，不见了！
别慌，我们好好找找。

大家镇定一些，我们在附近找找看！

可能是被风吹跑了，大家认真找找！
嘶
嘶
好，老师！

那边也找找看！
吼吼吼。

你们都讨厌……

认真找找。
吼吼吼——

哈哈哈
啦啦啦

画完啦！
我也还差一点就画完了。
我画完了！吼吼——

嗯？那边怎么那么吵？
吵嚷
嘈杂
大家都画完了吗？

晨荷啊！雨菲啊！
哒哒哒
嗯？

呼哧，你们在这里啊？
呼哧
美术课该下课了吗？
呼哧
不用跑啊，我们这就要回去了。

这不重要，出大事了啊——
？
什么事？

好几个同学的画不见了！大家要一起找找！

什么？

画不见了？
噔
噔

20以内加减法

测试 1

晨荷向雨菲借了3根蜡笔，向道云借了7根蜡笔，一共借了多少根蜡笔？

（　　　　　　　　　　）

测试 2

晨荷有10块巧克力，给了雨菲和道云6块，还剩几块？

（　　　　　　　　　　）

答案见第135页

测试 3

雅琳给了尼路3盒苹果罐头、4盒梨罐头、6盒桃子罐头。雅琳一共给了尼路多少盒罐头？

（　　　　　　　　　　）

测试 4

老师手中原本有15张画，被一阵风吹跑了7张，算一算老师手里还剩下多少张。

（　　　　　　　　　　）

第2话

美术课的画

学习主题：

两位数进位加法

两位数退位减法

嘿嘿。

这里也有画呢。

拿起

吼吼吼……
这张画我拿走了。

转头
这是怎么回事?

呃!

噔
啊!
噔

啊?
晨荷啊，这里的画!
转身

啊！画不见
了啊？
什么？

怎么会？
哒
哒
刚才还在
这里呢！

这到底是怎么
回事？

这件事情有些
奇怪……

这么多画突然
不见……
嗯……

难道这件事
情真的是美
狐干的？
什么？
美狐？

你看到美狐了？
怎么刚才没有说？
我还以为自己
眼花了。

那现在就都明白了！一定是她干的！
呃
嗬！

用念力交流啊，你刚才怎么张嘴说话了……
捂
啊，对了！失误。

嗯？晨荷，刚才你说什么？
什、什么？没什么。

真奇怪，刚才明明听到了什么声音。

对了，你认为这件事情是美狐干的吗？
耳语
耳语
嗯。
等一切见分晓，就知道了。

吼吼……

嗒
啊！
啊！
嗒

什么？
沙沙响
转头

呃！
沙沙沙
那个男孩！

晨荷啊，那边！

那个
同学……
哒哒哒

英浩?

逃跑了，我先追过去了！
哒哒
啊……好！
?
哒哒
嗯?
那不是画么?

英浩啊！
哒哒
呃啊！

晨荷啊，英浩拿着画！你们先在这里等我，我追过去！
转身
啊，好、好！

哒哒哒

我本来要追过去的，怎么办？
懵

晨荷啊，怎么了？
雨菲啊——

这次的事情应该是一个叫做美狐的坏人干的，我刚才本来要追过去，但是道云先追过去了。怎么办？
什么？

我现在得马上
追过去看看。
你就这样追过去，
会被人发现真实
身份的啊！
握拳

我书包里有一套
昨天做好的衣服，来不
及了，你先穿上外套，
戴上面具去吧。
真的吗？
耳语耳语

在、
在这里？
这附近没有人，
你在这里穿吧，
动作快点。
翻找

呃呃，我没穿过
这样的衣服……
没关系啊，
相信我，穿
上看看。

应该很适合
吧，是什么
样子呢……

恩、雨菲啊，
我穿好了。
这么快？

啊！

闪耀闪耀

还、还
可以么？
脸红

晨荷啊，
太合身了！

真的吗？
嘿嘿

啊啊——我的第一个模特竟然是宝石精灵……真是太棒了！
穿上以后要比想象中更舒适。
头发这样扎起来，行动更方便。
扎紧
谢谢你，雨菲。
那我去去就回。
嗯，要小心啊——
希望不晚！
啊啊，我们晨荷背影也超可爱！
哒哒哒哒
呃！明明往这后面跑了……
右看
左看

嘶嘶
啊，往那边跑了。
在这个地方变成人类应该更适合一些吧？
哒哒哒
英浩啊！
咦？

英浩！等等我！
哒哒哒

呃！这样就糟糕了……我的样子不能被别人看到啊。

哒哒哒
呃啊！先躲起来吧。

英浩！给我
站住！
呃！
停住
……
转头
呼哧，呼哧……
你跑得真快！
……
走近
这！
情况有点
不妙啊？
呼哧……
你……
什么事？

……
你手里拿的是同学们的画吧？你为什么拿这些画？
……
同学们正在到处找这些画，你拿它们干什么？
……

把画交给我。

哒哒哒哒

不能晚啊……
哒哒哒

道云啊！

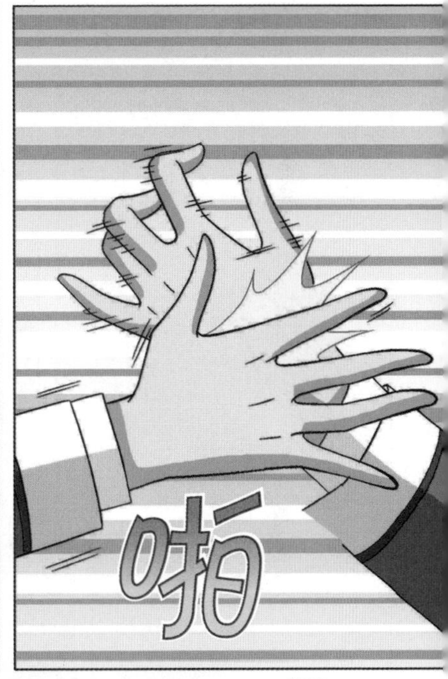
啪

把你的手拿开。
给我！

他们应该小心才是，弄丢画是他们的问题啊。

我捡到了，
就是我的了。
轰轰轰

你、你说
什么？
生气

你这是什么话？
你怎么突然变
成这样了？
抓

让开，我还有
事情要做！
怎么能让你就
这么走了？

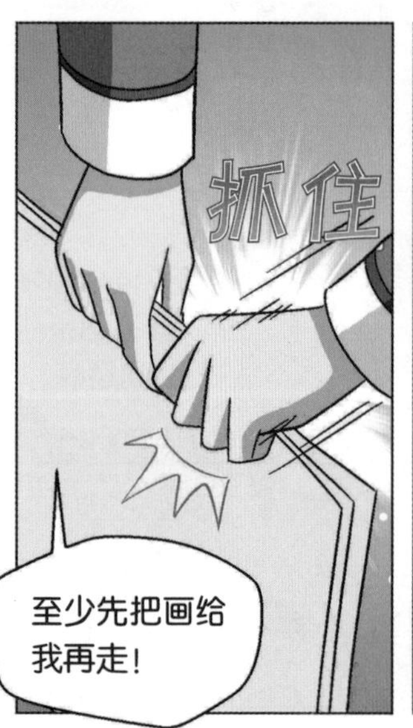
抓住
至少先把画给
我再走！

！

我说了让你
让开啊！
呃啊！
啪啪

呃啊！
咣当
你、你干了什么？

都说了让你让开了！

啊！你去哪儿？
哒哒哒
呃！流血了……

英浩……怎么突然这样了？

咔
啦啦
嗯？

!
哗啦啦啦
闪耀

瞄
呃……

哗啦啦

你、你是谁……
转
怦怦

往那边跑了。

啊！
哒哒哒哒
怎么回事？
那女孩从哪里跑出来的？
那是……
呃啊！吓我一跳！
啪哗啦啦
刚才那是什么？猫？
怦怦
怦怦
刚才的女孩子又是怎么回事？衣服好奇怪……

* 面具：为了遮住脸或者进行装扮而在脸上戴的物品。

别的班演出社团的同学吗？
啊哈
合掌

可是，为什么在这附近呢？看起来好像是要准备彩排的样子呢……
挠头
挠头

哦，对了，不管怎样，先离开这里。
猛然

英浩好像变了一个人一样，看起来非常奇怪……要赶紧找回同学们的画啊。

呃——可是，这里好痛啊。
呃呃——
摇摇
晃晃

哒哒哒

啊！
哒哒哒

看起来不像你了。

果然你一眼就认出我来了。

这个样子就不会被发现真实身份了，但是真是显眼啊。
是、是有点哈。

真实身份没被发现，还好还好。

赶紧找回那些画，再变回原来的样子吧！
哒哒哒哒

1
2
3
4
5
6
7
8
9
10
11
12
13
14
15
16
17
18

嗯……

我们班一共有32名学生……

测试

水果店里有54个苹果，25个梨。苹果比梨的数量多多少个？

(　　　　　　　　　　)

▶ 答案见89页

嘿嘿嘿嘿——
看看这些画，
真是有意思啊！

有那么有趣吗？
咯咯咯，
当然了！
世界上最有意思
的事情，就是欺
负别人和欣赏别
人的画了！
原、原来
这样啊……

嗯，这张画得
不错啊？
啊，真的画
得很好呢。
拿起
这一张画得
真没意思！
啪啪
嗯？

哈哈哈！看这张，树画得歪歪扭扭的。
怎么……专门喜欢看画得不好的画啊。
如果让我画，一定画得更好，哈哈！
原来是想说这话啊。
哦！又来了一些画。哈哈哈！
哒哒哒
已经收集了好多了。
呼哧呼哧……给你……
递
干得漂亮！

可、可是……

等一下，我看看这次都是什么样的画？

啊！还有陆晨荷的画？让我看看！
陆晨荷
翻转

测试答案 29个

哈哈哈！这到底画的是啥啊？太搞笑了！
打滚
打滚

那个……
哼！要拿这张画去捉弄她，以解我的心头之恨！

拿人家的画去捉弄人，真是一个不怎么样的主意啊。
大怒
你到底是哪一伙的？

一想到这段时间被陆晨荷压制的事情，我心里就不舒服！

这难道不是一个捉弄她的好办法吗？
你越来越像伊美了啊——
那、那个……
咕噜噜

对啊，如果是伊美，一定会做出更有趣的事情来。嘿嘿——
我？

哈哈哈！光是想
想就开心啊——
我说过有人追
过来吗？

什么？你怎么
现在才说？
刚才一直想说
来着啊……

呃啊！你
找训吗？
怒
呃啊啊——

呃！
他们，好像已
经来了呢。
什么？

哒哒哒
非得在这个
时候打扰我
的兴致！

果然是你们啊！
闪耀闪耀

竟然抢走同
学们的画，
不可饶恕！
嗒
嗒
这、这是为了
更好地发挥＊我的
能力……
噗哈哈哈！
你这衣服是
怎么回事？
哈哈哈——
要做服装
秀吗？
噗哈哈哈！
咯咯咯咯——
真是好华
丽啊——
哈哈哈！

＊发挥：才能，能力等的展现。

噗哈哈哈——
倒是听一下我说的话！还有，要说华丽，你们的衣服也差不多啊！

快把同学们的画还给我！你们为什么要抢走这些画？
哼！想知道吗？

这里，看，这是你的画。
呃啊！这，你们看到了这张画？

如果画上的颜色消失了，会变成什么样子呢？
咻咻咻

咻咻咻
啊啊——我的画！

啊！
轰轰

孩子们的痛苦将是我力量的源泉。哈哈哈！
哈哈哈！看看你那受打击的表情吧。我要把这些画的颜色都去掉！

太过分了……

嗯……

就是这个
时候！

啊啊！
抢走

竟然在眨眼间
被抢走了！
自叹不如
了吧？
啪
啪
啪
变身

呃啊——我的画！沾上了你的口水？
说话注意点啊……
哼哼！吃我一招火球术！
呃！
唰唰唰

燃烧燃烧
啊啊啊

啪啪
呃啊啊！
嘀嗒
嘀嗒

没有人教过你不要随便玩水吗？

呃哼！又弄得浑身湿淋淋的！
生气
等一下，白天对我们很不利。

呃啊啊啊！

你做的坏事越来越过分了。我要教训教训你，让你以后不敢再这么胡闹！
轰轰轰
呃——

觉悟吧！
�th
�th
�th
�th

呃啊！
啪啪啪

啊！
咦呀啊啊！
撞击
呃啊啊！
咣当

尼路！

怎么回事？给我放开！
呃呃呃——

啊哈哈！竟然主动帮我，看来这个孩子的宝石已经变黑了啊。
看来你的黑魔法越来越强了。吼吼——

晨荷啊！快点把英浩弄走！
嗯！力气好大啊——
呼哧
呼哧
抱紧

英浩的宝石变黑了，这个方法不行。
嗡嗡嗡

请给我力量，让我帮助英浩和尼路吧。
一定

拜托……
啊啊
啪啪啪啪

拜托！
呃啊！
啪啪啪

呃啊！
啪 啪 啪
天啊！她竟然有这么强大的力量！
呃……
英浩。
嘶嘶嘶
呃啊！这是个好机会。我们再打一架吧！
现在对我们非常不利*！我们撤退吧。
不要，阿——阿嚏！
我们先把感冒治好了吧。
今天就这样放过你们，以后一定要让你们对我的力量大吃一惊！
尼路，等着瞧。我的力量在不断变大。
……

*不利：不好，不益。

心理阴暗的孩子现
在越来越多了！
咻咻咻咻

你说什么？
下次要把伊美带过来。
咻咻嗡嗡嗡
哈哈哈——
阿嚏！
呃呃——

此时的伊美
哦哦呜呜

美狐他们走了。
啊……

走了也好，
我的画的颜
色回来了。

嗯——今天虽然
只是一个小小的恶作
剧，但下次不知道会
有什么事情发生。
心理阴暗的孩
子越多，美狐
的力量就越大。

竟然是
这样！

* 迫切：心中期望某事的程度非常强烈。

* 愿望：期待、等待某事发生的心情。

英浩带着画跑
到哪里去了？
唰唰唰

啊？
那是……
惊讶

宝石精灵的
踪迹！怎么
会在这里？
噔噔
真是幸运啊！我
又发现了宝石精
灵的踪迹。
喀嚓
喀嚓

如果再幸运一
些，没准就能看到
宝石精灵……
喀嚓

啊！

闪耀闪耀

那是！

那衣服……

明明是刚才看
到的那个女生。

难道——

那女生是宝
石精灵?

啊!

那……

不要往后看！
俯身

抓紧

啊！
哒哒哒哒

啊！
起跳

啊！
咻咻咻
道云？
再晚一点就被他发现了。
啪
嗒
啊——
啊——本来就在眼前的！是怎么跑到那上面去的啊？

论爬树，我也身手不错呢！
挽

呃呃……
啊！

啊，英浩，你没事吧？
呃嗯——

呼噜噜噜。
嗯？睡着了？

这到底是怎么回事？

嗖
啊

宝石精灵不见了。
咻咻咻咻

呃啊……
呃啊……

呀吼——
睡得真好！
你醒了吗？
懒
腰

嗯？我怎么睡
在这里啊？
道云说你画
着画儿就睡
着了呢。

嗯？
醒了吗？

耳语
耳语
画都找回来了。
我告诉他们画
是被风吹跑了。
画？

你和我说实话，到
底怎么回事？为什
么要拿那些画？
嗯？

你在说什么啊？
我什么时候拿什
么画了？
这个！
不记得了吗？

这件事情到底
和宝石精灵有
什么关系？
咻咻咻咻
我一定要
弄清楚。

$$\begin{array}{r} {}^{1}\quad \\ 18 \\ +\ 14 \\ \hline 32 \end{array}$$

（1）个位数计算的时候，8+4=12 超过了 10，所以进 1 位到十位数。

（2）进位后的 1 加到十位数上，1+1+1=3，所以十位数上是 3。

（3）18+14=32。

测试

请计算下面的加法

（1）27+36=

（2）45+19=

▶ 答案见 112 页

下次一定要
拍到你。

英浩啊，你
没事吧？
沙沙

嗯，我刚才
可能是太困
了。哎呦。
这样啊，没
有哪里不舒
服吧？

没事啦。
那就好。

晨荷啊，你的
画找到了吗？
啊——

原来大家的画都是
被风吹走的，都捡
回来了呢。
啊，这样啊。

对了，道云，
刚才你说的话是
什么意思啊？
嗯？

啊，那个，
我是说……
没什么……
反正英浩
什么都不记
得了……
到底是
什么啊？
沙沙
呃呃——

不是……
嗯——
哎呦，看来
道云没有认
出我来啊？

是啊，以后一
定要小心了！
惊讶
呃啊！吓我
一跳——
转头
如果不是我，你
的真实身份就被
人发现了，还会
被人拍到。
知道啦，
谢、谢谢。
哈啊，抓着
你跑真是累
死我了！

我累了，在
你书包里睡
会儿。
嗯——
嗖嗖

测试答案 （1）63（2）64

吭
吭
呃啊——你怎么带了这么多东西啊？

那是刚才换下来的衣服。
左翻
右翻
唉唉，没事了。

我要睡会儿了，啊呼——
啪嗒
啪嗒
知道了，快睡吧。

摇晃
摇晃

晨荷，没事吧？
嗯，雨菲啊。

今天多亏了你的衣服，要不就出大事了。真的太谢谢了。
什么？真的吗？
抓紧

我是想着也许能用上，就带过来的。真是太好了，以后衣服的事就交给我了！
哇
谢谢你，雨菲。

交给我吧。
嗯！衣服一会儿到洗手间还给你。

摇晃
摇晃
嗯？

那是什么？晨荷书包里有什么伸出来了？

掉
啊！掉出来了？

捡
哎呦，东西掉了也不知道。

我帮你收
着吧。
迟疑

这是……
这明明
是……
啪
嗯？道云，
你怎么了？
嗒嗒

啊
这是刚才宝石精灵帽子上的羽毛啊。
哈哈！有意思吧？
嗯！真的吗？晨荷？
哈哈哈。

这根羽毛为什么在晨荷的书包里?
宝石精灵晨荷！真实身份被最好的朋友雨菲发现了，如今又遇到了危机，她的秘密会被道云发现么？

两位数进位加法
两位数退位减法

测试 1

晨荷在画纸上画了 26 朵黄色的花，18 朵粉红色的花，一共画了多少朵花？

（ ）

测试 2

美狐看了抢来的 21 张画中的 15 张，还有多少张没有看过？

（ ）

答案见第135页

测试 3

上一次道云拍了宝石精灵的踪迹的照片 25 张，今天又拍了 18 张，一共拍了多少张？

(　　　　　　　　　　　　　　　　)

测试 4

雨菲给晨荷帽子上插了 32 根羽毛，掉下来 17 根，还剩下多少根？

(　　　　　　　　　　　　　　　　)

讲故事 学数学

故事1 10的分解和组成

1. 晨荷的妈妈想要做好吃的蛋包饭，准备了10个鸡蛋放在了两个盘子里。看图将这10个鸡蛋分成的两边数量写出来。

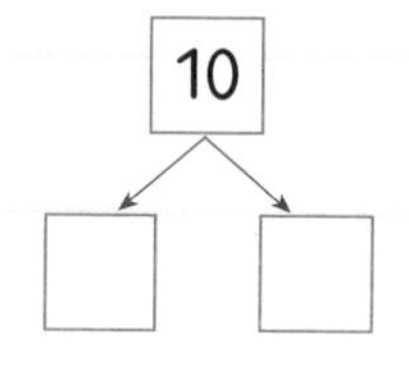

2. 英浩把抢来的画按照女生画的和男生画的分开摆放，看图将这10张画两边的数量写出来。

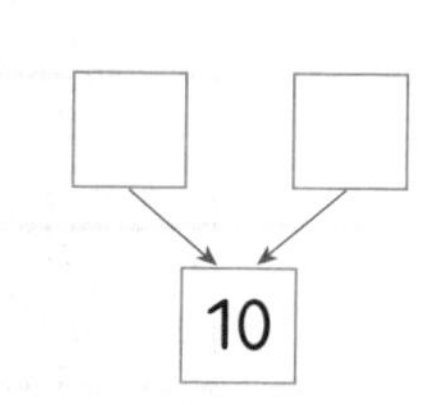

答案见第135页

故事2 得数为10的加法，10为被减数的减法

3. 雨菲做衣服需要用到珠子，她本来有7颗，妈妈又给了她3颗，现在一共有多少颗？

（　　　　　　　　　　　　　　　　）

4. X君不小心把美狐抢来的10颗宝石中的2颗弄丢了，还剩下多少颗？

（　　　　　　　　　　　　　　　　）

讲故事 学数学

5. 晨荷给饥饿的尼路准备了 10 根香肠，尼路吃了 9 根，还剩下多少根？

(　　　　　　　　　　)

6. 尼路为了帮助晨荷，跳过了学校的围墙。请计算围墙上 3 个数字相加的和。

(　　　　　　　　　　)

答案见第135页

7. 雅琳准备送给道云 6 枝玫瑰，7 枝向日葵，4 枝大波斯菊。雅琳一共准备了多少枝花？

(   )

8. 尼路收到了雨菲的礼物：3 件上衣，1 条裤子，9 条裙子。尼路一共收到了多少衣服？

(   )

讲故事 学数学

故事4 一位数加一位数，两位数减一位数

9. 道云把照片分成了两组，一组是昨天拍的，一组是今天拍的，他一共拍了多少张？

（　　　　　　　　　　　　）

10. 晨荷和雨菲上课的时候非常认真，得到了老师的表扬券。晨荷得到了7张，雨菲得到了6张，她们一共得到了多少张？

（　　　　　　　　　　　　）

答案见第135页

11. 雅琳去写生，带了水彩 13 管，其中 4 管都用光了，还剩下多少管？

（　　　　　　　　　　　　）

12. 晨荷和雨菲去小超市买了 12 块巧克力，吃了其中 7 块，还剩下多少块？

（　　　　　　　　　　　　）

13. 晨荷房间里的书柜上，有名人传记 15 本，童话书 8 本。名人传记比童话书多多少本？

（　　　　　　　　　　　　）

讲故事 学数学

故事 5 两位数加一位数，两位数减一位数

14. 晨荷画画的地方有 22 棵松树，9 棵冷杉树。这里一共有松树和冷杉树多少棵?

（　　　　　　　　　　　　）

15. 雨菲为了给晨荷做衣服，去买珠子。雨菲买的红色珠子比蓝色珠子多多少?

（　　　　　　　　　　　　）

答案见第135页

16. 下面是同学们的画，请圈出算式答案相同的画。

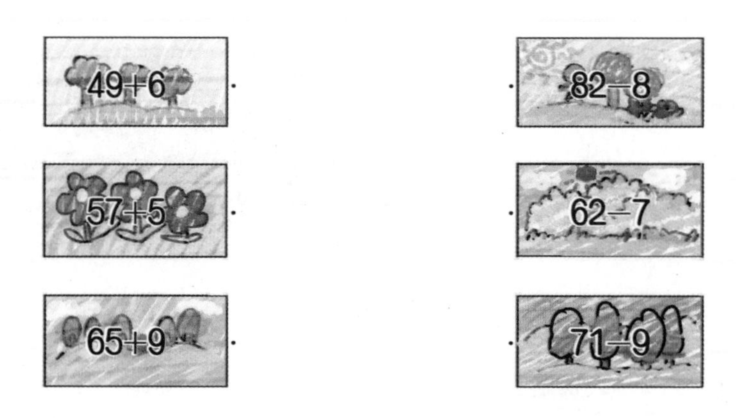

17. 在野外写生的晨荷班级同学中，有男生 17 名，女生 15 名。晨荷班里一共有多少名同学？

（　　　　　　　　）

讲故事 学数学

18. 英浩在去找美狐的路上，遇到了一个小水池。水池中有26条金鱼，19只青蛙。水池中的金鱼和青蛙数量一共是多少？

（　　　　　　　　）

19. 晨荷在遇到道云之前跑了45步，遇到道云后并且遇到美狐之前跑了58步。晨荷遇到美狐前一共跑了多少步？

（　　　　　　　　）

20. 晨荷和雨菲在玩纸牌游戏。晨荷手中的纸牌拼成一个最大的两位数，雨菲手中的纸牌拼成一个最小的两位数，两个人手中的数字之和是多少？

（　　　　　　　　）

答案见第135页

故事7 两位数减两位数的退位减法

21. 道云回家的路上路过一个公园，公园里有40只鸽子，过了一会儿飞走了15只，现在公园里还剩下多少只鸽子？

（　　　　　　　　　　　）

22. 老师给画了画的32名同学每人分了一块巧克力，如果老师原本有50块巧克力，现在还剩下几块？

（　　　　　　　　　　　）

讲故事 学数学

23. 患了感冒后，美狐一直流鼻涕，所以买了一盒纸巾。纸巾一共有 70 张，美狐用过一些之后，还剩下 24 张，美狐用了多少张？

（ ）

故事 8 两位数的退位减法

24. 雅琳在家里也画了一幅画。画画的过程中使用了 36 管水彩中的 19 管，没有使用的水彩有多少管？

（ ）

答案见第135页

25. 放学后，晨荷和雨菲路过小吃店，进去吃了一些炒年糕。晨荷吃了 25 块炒年糕，雨菲吃了 18 块炒年糕，晨荷比雨菲多吃了多少块？

(　　　　　　　　　　)

26. 回家后，晨荷玩了一会儿呼啦圈。第一次转了 37 圈，第二次转了 42 圈。第二次比第一次多转了多少圈？

(　　　　　　　　　　)

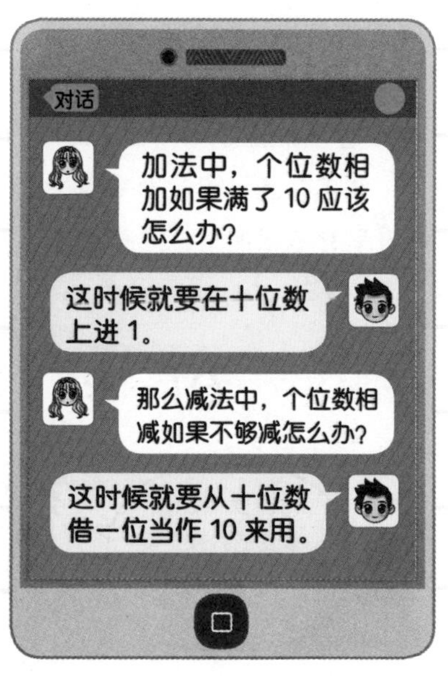

·数学符号是怎么产生的?

最初使用数学符号的人是古希腊的数学家丢番图。人们最开始用文字“某数”来表示未知数，丢番图使用了希腊文 ζ（Zeta）来表示未知数，后来演变成了今天的 X。

“+”是拉丁语“和”的 et 在书写过程中演变的符号。1489 年，德国数学家魏德美在自己的数学书中第一次使用了符号“+”和“-”。但是，当时这两个符号并不是加与减的意思，而是“多于”和“不够”的意思。

“－”起源于拉丁语“不足 minus”的缩写“－ m”，后来演变成只剩下了“－”。将酒倒进葡萄酒瓶中后，水位的位置会用“－”标记，船员们登船后，在木桶中装的水量也用“－”来标记，因此也有减号是由此而来的说法。

表示相等的等号“＝”是 1557 年英国数学家列科尔德在论文《智慧的磨刀石》中表示“相等”而第一次使用的。列科尔德认为，最相像的两件东西是两条平行线，所以这两条线应该用来表示相等。

“×”是 1631 年英国数学家奥特雷德在看到圣安德鲁斯十字架后发明的符号。乘法符号“×”比“+”和“−”出现得要晚，大小也比“+”和“−”要小一些。因和表示未知数的“x”有些相似，而没有被广泛使用。后演变成今天的样子。

“÷”是 1659 年瑞士数学家拉恩首创，后来瑞士数学家拉哈在他所著的《代数学》一书中第一次正式使用的。这个符号中间的“−”是表示分数的符号，上下各有一个点“·”表示分数的分母和分子。最开始人们并不常用到这个符号。10 年后，英国的约翰贝尔在数学书中使用后才被广泛使用起来。

测试

请计算一下算式

(1) 43+7=　　　　(2) 56−9=

答案与解析

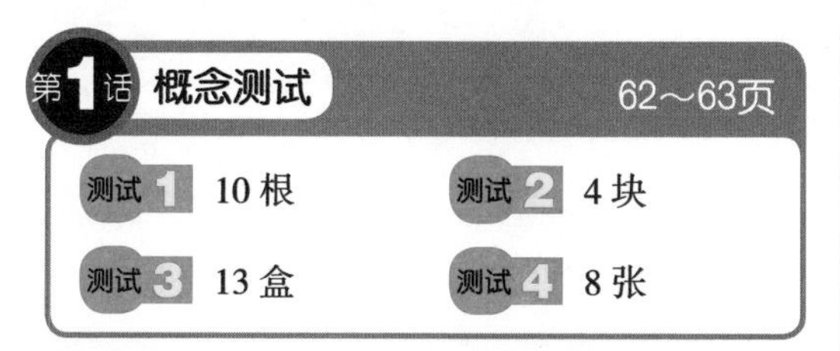

第1话 概念测试　62～63页

测试1　10 根　　测试2　4 块

测试3　13 盒　　测试4　8 张

第2话 概念测试　118～119页

测试1　44 朵　　测试2　6 张

测试3　43 张　　测试4　15 根

解析

1
$$\begin{array}{r} {}^{1} \\ 26 \\ +\ 18 \\ \hline 44 \end{array}$$

2
$$\begin{array}{r} {}^{1\ 10} \\ \not{2}1 \\ -\ 15 \\ \hline 6 \end{array}$$

讲故事 学数学　120～131页

1. 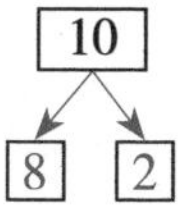 10 → 8、2

2. 6、4 → 10

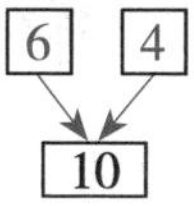

3. 10 个

4. 8 颗

5. 1 根

6. 14

7. 17 枝

8. 13

9. 15 张

10. 13 张

11. 9 管

12. 5 块

13. 7 本

14. 31 棵

15. 16 颗

16.  （连线）

17. 32 名

18. 45

19. 103 步

20. 122

21. 25 只

22. 18 块

23. 46 张

24. 17 管

25. 7 块

26. 5 圈

解析

17.（男学生数）+（女学生数）=17+15=32（名）

18.（金鱼的数量）+（青蛙的数量）=26+19=45

19.（晨荷遇到道云之前走的步数）+（晨荷遇到道云后并遇到美狐之前走的步数）=45+58=103（步）

20. 晨荷组成的最大的两位数：73　雨菲组成的最小的两位数：49　73+49=122

21.（公园最开始的鸽子数量）–（飞走的鸽子数量）=40–15=25（只）

22.（一开始有的巧克力数量）–（分出去的巧克力数量）=50–32=18（块）

23.（一开始有的纸巾数量）–（剩下的纸巾数量）=70–24=46（张）

24.（全部水彩的数量）–（使用了的水彩数量）=36–19=17（管）

25.（晨荷吃的炒年糕数量）–（雨菲吃的炒年糕数量）=25–18=7（块）

26.（第二次转呼啦圈的圈数）–（第一次转呼啦圈的圈数）=42–37=5（圈）

数学知识百科词典　134页

(1) 50　　(2) 47

解析

（1）43+7=50

奥德赛
数学
大冒险
①数的世界

奥德赛
数学
大冒险
①数的世界
奥德赛
数学
大冒险
②面积和图形
奥德赛
数学
大冒险
③方程式和未知数
奥德赛
数学
大冒险
④从集合到勾股定理

有趣的数学旅行 读者群：7~14 岁

- 韩国数学知识趣味类畅销书No.1
- 韩国伦理委员会“向青少年推荐图书”
- 20年好评不断！持续热销100万册、荣登当当少儿畅销榜
- 荣获韩国数学会特别贡献奖、韩国出版社文化奖、首尔文化奖等多项重量级大奖
- 中国科学院数学专家、中国数学史学会理事长李文林，著名数学家、北大数学科学院教授张顺燕，北京四中、十一学校、八十中学等名校数学特级教师倾情推荐
- 2011年理科状元、奥数一等奖得主称赞不已

ISBN 978-7-5108-3162-1

全系列共 4 册

定价：148.00 元

有趣的数学旅行 1 数的世界

那些极有个性的数字组成的问题和有趣的解题过程！

让我们扬帆起航，去寻找数学中的奥秘！

有趣的数学旅行 2 逻辑推理的世界

历史与生活中蕴含着推理的错误，让我们寻找一个合理的思考方式，打下扎实的基础，进行一次有趣的头脑训练吧！

有趣的数学旅行 3 几何的世界

学习几何学的历史，洞察几何学原理，通过生活中的几何问题培养直观的数学能力！

有趣的数学旅行 4 空间的世界

数学创造出各种各样的空间，让我们一起去探索隐藏其中的数学秩序吧！

在多种空间组成的谎言中寻找数学的真理！

安野光雅“美丽的数学”系列 读者群：3~12 岁

◆ “安徒生图画奖”大奖得主、国际顶尖绘本大师安野光雅代表作

◆ “日本图画书之父”松居直、“台湾儿童图画书教父”郑明进赞赏不已的绘本大师

◆ 日本绘本大师安野光雅倾心绘制，带领孩子们走进美丽的绘本世界

ISBN 978-7-5108-4144-6

畅销
经典

全系列共 5 册
定价：145.00 元

安野光雅不是简单地把数学概念灌输给孩子，而重在把数学的本质蕴含其中，让孩子去体悟。书中不是单纯地讲数学，更重在启发儿童从不同角度看待事物、发现问题和尝试解决问题的思考方式，培养孩子的逻辑思维能力，提高综合素质，让孩子以简单、科学的方式走近数学，爱上数学，为孩子创造了一个充满了好奇的快乐世界。

奇妙的种子

三只小猪

帽子戏法

十个人快乐大搬家

壶中的故事

ISBN 978-7-5108-3324-3

全系列共 5 册
定价：88.00 元

奇迹幼儿数学系列 读者群：3~6 岁

◆ 1000余位妈妈亲自测验教学效果

◆ 全部课程提供108个亲子游戏，同时附带游戏道具

◆ 立足欧美前沿教育理论编写的情境数学课程，同时又符合东方儿童认知特点

畅销经典

3~4 岁系列共 6 册

定价：128.00 元

《奇迹幼儿数学》分3个年龄阶段（3～4岁、4～5岁、5～6岁），每个阶段六册，以生活为素材，利用幼儿最熟悉的场景进行数学训练，例如游乐园、动物园等。全部课程中给小朋友们提供了100多个易于操作的亲子游戏，以及趣味的动手动脑小游戏，附赠多页贴纸、游戏卡片和彩印纸，在游戏中激发幼儿的学习兴趣。结合简单的说明文字，有助于婴幼儿学习知识，提高认知能力，全面地了解世界。加上书中的图画色调清新明快，造型简约可爱，线条舒展有序，贴合宝宝的特点，更能激发孩子的兴趣。

4~5 岁系列共 6 册

定价：128.00 元

5~6 岁系列共 6 册

定价：128.00 元

图书在版编目（CIP）数据

数学秘密日记. 3 / 杜勇俊文图. -- 北京 : 九州出版社，2018.4

ISBN 978-7-5108-6776-7

Ⅰ. ①数… Ⅱ. ①杜… Ⅲ. ①儿童小说－中篇小说－中国－当代 Ⅳ. ①I287.45

中国版本图书馆CIP数据核字（2018）第053337号

数学秘密日记 3

作　　者　杜勇俊 文·图
出版发行　九州出版社
地　　址　北京市西城区阜外大街甲35号（100037）
发行电话　（010）68992190/3/5/6
网　　址　www.jiuzhoupress.com
电子信箱　jiuzhou@jiuzhoupress.com
印　　刷　北京兰星球彩色印刷有限公司
开　　本　710毫米×1000毫米　16开
印　　张　8.75
字　　数　18千字
版　　次　2018年10月第1版
印　　次　2018年10月第1次印刷
书　　号　ISBN 978-7-5108-6776-7
定　　价　29.80元